Vapeur

Thomas Feller

·

Photographies : Valéry Guedès

Stylisme : Natacha Arnoult

hachette
PRATIQUE

Sommaire

Entrées

Huîtres à la vapeur

pour 4 personnes I préparation : **20 minutes** I cuisson : **10 minutes**
facile I un peu cher

- **24 grosses huîtres**
- **4 oignons nouveaux**
- **3 cm de gingembre frais**
- **1 botte de coriandre**
- **2 cuil. à soupe d'huile de sésame**
- **1 cuil. à soupe de vinaigre de riz**
- **Poivre du moulin**

Matériel
- **Paniers vapeur**

1 Ouvrez les huîtres et retirez-en l'eau. Puis répartissez-les dans des paniers de cuisson à vapeur (si vous ne possédez pas de grands paniers, n'hésitez pas à le faire en plusieurs fois). Posez les paniers au-dessus d'une casserole d'eau bouillante et laissez cuire 10 min.

2 Pendant ce temps, hachez finement les oignons nouveaux. Épluchez et hachez le gingembre. Effeuillez la coriandre. Dans un grand bol, mélangez l'huile, le vinaigre, les oignons et le gingembre. Poivrez.

3 Quand les huîtres sont cuites, versez 1 cuillerée à café de la sauce obtenue sur chaque huître et parsemez dessus un peu de coriandre. Servez aussitôt.

Conseils

Vous pouvez bien sûr manger les huîtres crues, mais cuites, c'est plus original. Pour corser la recette, ajoutez un peu de piment d'Espelette.

Variante

Vous pouvez remplacer le vinaigre de riz par du vinaigre de Xeres.

Œufs à la vapeur, au gingembre et au concombre

pour 4 personnes I préparation : **20 minutes** I cuisson : **10 minutes**
repos : **30 minutes** I facile I bon marché

- **4 œufs extra frais**
- **1 concombre**
- **50 g de gingembre mariné**
- **Sel, poivre**

Matériels

- **Panier vapeur**
- **Tamis**

1 Épluchez le concombre, puis coupez-le en quatre dans le sens de la longueur. À l'aide d'un couteau, retirez les graines, puis râpez-le assez finement. Mettez-le dans un tamis et saupoudrez-le de sel fin. Laissez ainsi reposer pendant 30 min.

2 Égouttez le gingembre, puis coupez-le en fins bâtonnets de la même taille que le concombre. Dans une casserole, faites bouillir de l'eau. Disposez les œufs dans le panier vapeur, et faites-les cuire pendant 10 min. Retirez-les du panier et écalez-les délicatement.

3 Mélangez le concombre et le gingembre dans un saladier. Servez cette salade croquante avec les œufs cuits à la vapeur.

Conseils

Le gingembre mariné fréquemment utilisé pour accompagner les sushis et makis est vendu dans les épiceries asiatiques.
Vous pouvez faire vous-même du gingembre mariné. Épluchez et lavez 2 pousses de jeune gingembre. Dans un saladier, versez un verre d'eau, un verre de vinaigre de vin blanc, un verre de sucre et 1 cuillerée à soupe de sel. Faites tremper le gingembre pendant une semaine au réfrigérateur.

Raviolis chinois

pour 4 personnes I préparation : **30 minutes** I cuisson : **30 minutes**
réfrigération : **1 heure** I facile I bon marché

Farce
- **180 g d'échine de porc**
- **400 g de crevettes grises**
- **3 échalotes**
- **4 châtaignes d'eau en conserve**
- **1 cuil. à café de sucre de palme**
- **1 litre de bouillon de poule**
- **1 botte de coriandre**
- **2 cuil. à soupe d'huile végétale**
- **Sel, poivre**

Pâte à raviolis
- **3 œufs**
- **1 blanc d'œuf**
- **300 g de farine**
- **Sel**

Matériels
- **Panier vapeur**
- **Mixeur**

1 Préparez la pâte à raviolis. Mélangez la farine, le sel et les œufs. Pétrissez légèrement. Roulez la pâte en boule, recouvrez-la ensuite d'un chiffon ou d'un film plastique et laissez-la reposer 1 h au réfrigérateur.

2 Plongez les crevettes dans une casserole d'eau bouillante. Laissez cuire 5 min. Égouttez-les et décortiquez-les. Coupez ensuite finement les échalotes et l'échine de porc. Dans une poêle, faites chauffer l'huile. Ajoutez l'échine et les échalotes puis faites cuire 10 min en remuant fréquemment. Émiettez les châtaignes d'eau. Dans le bol d'un mixeur, versez l'échine, les crevettes, les châtaignes et le sucre. Salez, poivrez puis mixez. Effeuillez la coriandre.

3 Sur un plan de travail fariné, étalez une fine couche de pâte à raviolis. Découpez des carrés de 8 cm de côté. Au centre de chaque carré, déposez une grosse noix de farce. Badigeonnez les bords de la pâte de blanc d'œuf. Repliez la pâte de façon à obtenir un triangle. Soudez bien les côtés. Faites cuire les raviolis 10 min dans le panier vapeur. Faites chauffer le bouillon de poule avec la coriandre. Plongez-y les raviolis avant de servir une louche de bouillon ainsi que 5 ou 6 raviolis.

Conseil

C'est une recette un peu longue mais vous découvrirez ainsi le vrai goût des raviolis chinois.

Variante

Vous pouvez remplacer les châtaignes d'eau par 3 pousses de bambou émincées et le sucre de palme par de la cassonade.

Foie gras à la vapeur

pour 4 personnes I préparation : **20 minutes** I cuisson : **15 minutes**
repos : **48 heures** I facile I un peu cher

- **1 foie gras de canard cru d'environ 500 g**
- **2 pincées de mélange quatre-épices**
- **1 cuil. à soupe de Cognac**
- **1 cuil. à café de sel**
- **10 tours de moulins à poivre**

Matériels
- **Panier vapeur**
- **Film alimentaire**

1 Dénervez le foie gras. Tirez sur la veine principale se trouvant entre les deux lobes. Dans un bol, mélangez le sel, le poivre et les épices. Roulez le foie gras dans le sel épicé puis arrosez-le de cognac. Mettez le foie gras dans un saladier et laissez-le ensuite reposer une nuit au réfrigérateur. Si jamais le sel n'a pas été complètement utilisé, saupoudrez-en le foie gras.

2 Le lendemain, retirez le foie gras du saladier. Sur votre plan de travail, étirez du papier film et posez le foie gras au milieu. Enroulez le papier autour, en serrant fortement et en fermant les extrémités comme si vous faisiez une papillote. Il faut que le foie soit au moins entouré de 3 couches de papier.

3 Mettez votre panier vapeur au-dessus d'une casserole d'eau bouillante. Quand de la vapeur s'en dégage, posez votre foie gras emballé et laissez-le cuire 15 min. Sortez-le et plongez-le dans un saladier d'eau glacée. Au bout de 30 min, sortez le foie gras. Laissez-le reposer ensuite une nuit au réfrigérateur avant de le déguster avec du pain grillé.

Conseils

Vous pouvez acheter un foie gras préalablement dénervé.
Avant de faire cette recette, assurez-vous d'utiliser un papier film qui supporte les températures élevées.

Asperges à la sauce hollandaise

pour 4 personnes I préparation : **20 minutes** I cuisson : **30 minutes**
facile I bon marché

- **2 bottes d'asperges vertes ou blanches**
- **150 g de beurre**
- **2 jaunes d'œufs**
- **1 citron jaune**
- **Fleur de sel, poivre du moulin**

Matériel
- **Panier vapeur**

1 Coupez les pieds des asperges puis épluchez-les jusqu'à la tête. Rincez-les. Pressez le citron. Mettez le panier vapeur au-dessus d'une casserole d'eau bouillante. Quand de la vapeur commence à s'en dégager, disposez-y vos asperges et comptez 15 à 20 min de cuisson. Pour vérifier la cuisson, piquez le pied d'une asperge avec la pointe d'un couteau, il doit s'y enfoncer sans résistance.

2 Pendant ce temps, préparez la sauce hollandaise. Faites fondre le beurre. Dans une casserole, versez les jaunes d'œufs avec 2 cuillerées à soupe d'eau. Faites chauffer à feu très doux et fouettez sans cesse les œufs afin qu'ils moussent. Surveillez bien les bords de la casserole pour vous assurer que les œufs ne cuisent pas.

3 Lorsque les jaunes ont doublé de volume, versez le beurre fondu petit à petit et sans cesser de fouetter. Coupez le feu, et assaisonnez la sauce avec le jus de citron, le sel et le poivre. Servez les asperges avec la sauce hollandaise.

Conseil

C'est une sauce un peu délicate à réaliser mais qui accompagne à merveille les asperges. Pour être sûr de ne pas la rater, mettez la casserole avec les œufs au bain-marie en vous assurant que l'eau ne boue jamais.

Salade de saint-jacques

pour 4 personnes I préparation : **20 minutes** I cuisson : **15 minutes**
facile I un peu cher

- **400 g de noix de saint-jacques**
- **100 g de mesclun**
- **1 carotte**
- **10 tomates cerises**
- **1 cuil. à café de moutarde de Dijon**
- **2 cuil. à soupe de vinaigre de Xeres**
- **4 cuil. à soupe d'huile végétale**
- **4 cuil. à soupe d'huile de noisette**
- **Sel, poivre**

Matériel
- **Panier vapeur**

1 Nettoyez les tomates puis coupez-les en quatre. Épluchez et coupez la carotte en bâtonnets de 4 à 5 cm de long sur 5 mm d'épaisseur. Faites cuire les carottes pendant 5 à 8 min dans une casserole d'eau salée portée à ébullition. Égouttez-les et rafraîchissez-les sous l'eau froide.

2 Nettoyez et essorez les noix de saint-jacques. Mettez le panier vapeur au-dessus d'une casserole d'eau bouillante et disposez-y les noix de saint-jacques. Comptez 5 min de cuisson. Retirez-les du panier et laissez tiédir.

3 Dans un bol, mélangez la moutarde avec le vinaigre, le sel et le poivre, puis émulsionnez avec les huiles. Sur 4 assiettes, répartissez le mesclun, disposez les saint-jacques, les carottes, les tomates cerises. Terminez en ajoutant la vinaigrette.

Conseil

Vous pouvez également ajouter des pousses d'épinards et des œufs de saumon à cette recette.

Gâteau de carottes

pour 4 personnes I préparation : **20 minutes** I cuisson : **40 minutes**
repos : **40 minutes** I facile I bon marché

- **500 g de carottes**
- **3 œufs**
- **40 g de comté**
- **1 botte de cerfeuil**
- **1 tablette de bouillon de volaille bio**
- **Sel, poivre**

Matériels
- **Panier vapeur**
- **Moulin à légumes**
- **4 ramequins**

1 Épluchez les carottes et coupez-les en rondelles. Mettez-les ensuite dans une casserole avec la tablette de bouillon de volaille, le sel, le poivre et 25 cl d'eau. Portez le tout à ébullition. Laissez cuire pendant 20 min afin que le bouillon disparaisse totalement.

2 Passez les carottes au moulin à légumes muni d'une grille large. Effeuillez et hachez le cerfeuil. Râpez le fromage. Dans un saladier, fouettez les œufs puis, ajoutez les carottes, le cerfeuil et le fromage. Vérifiez l'assaisonnement.

3 Placez du papier sulfurisé dans les ramequins. Versez-y l'appareil à gâteau de carottes. Mettez le panier vapeur au-dessus d'une casserole d'eau bouillante puis disposez les ramequins. Lorsque de la vapeur s'en dégage, comptez 20 min de cuisson. Sortez ensuite délicatement les ramequins et laissez-les refroidir avant de les démouler.

Conseil

Servez ce gâteau de carottes avec un coulis d'asperges ou un coulis de tomates.

Variante

Vous pouvez remplacer le cerfeuil par de l'estragon ou de la coriandre.

Salade de crevettes et de calmars

pour 4 personnes | préparation : **20 minutes** | cuisson : **20 minutes**
facile | bon marché

- **200 g de crevettes crues décortiquées**
- **200 g de blancs de calmar**
- **150 g de pousses d'épinards**
- **2 carottes**
- **1 pincée de curry**
- **2 cuil. à soupe de vinaigre de riz**
- **6 cuil. à soupe d'huile végétale**
- **Sel, poivre**

Matériel
- **Panier vapeur**

1 Nettoyez et essorez les pousses d'épinards. Épluchez les carottes puis, découpez-les en bâtonnets. Dans un bol, versez le vinaigre de riz, le sel, le poivre et le curry. Mélangez puis ajoutez l'huile végétale.

2 Dans une casserole remplie d'eau bouillante salée, faites cuire pendant 10 min les bâtonnets de carottes. Essorez-les puis passez-les sous l'eau froide.

3 Dans le panier vapeur, disposez les blancs de calmar et les crevettes crues. Posez le panier au-dessus d'une casserole d'eau bouillante. Lorsque de la vapeur s'en dégage, comptez 8 à 10 min de cuisson.

4 Sur un plat, répartissez les pousses d'épinards. Ajoutez ensuite les carottes, les crevettes et les blancs de calmar coupés en tronçons. Terminez en versant la vinaigrette.

Conseil

Vous pouvez ajouter dans cette salade de la coriandre fraîche, des tomates cerises et pourquoi pas quelques œufs de saumon.

Crevettes au lait de coco

pour 4 personnes I préparation : **20 minutes** I cuisson : **15 minutes**
facile I bon marché

- **400 g de crevettes crues décortiquées**
- **25 cl de lait de coco**
- **6 épis de mini maïs frais**
- **1 bâton de citronnelle**
- **4 cm de gingembre**
- **1 feuille de bananier**
- **10 brins de ciboulette**
- **10 brins de coriandre**
- **10 brins de basilic thaï**
- **Sel, poivre**

Matériel
- **Four vapeur Siemens**

1 Effeuillez la coriandre et le basilic. Hachez la ciboulette. Nettoyez les épis de maïs puis coupez-les en tronçons de la taille des crevettes. Épluchez le gingembre et coupez-le en rondelles. Coupez la citronnelle en rondelles d'1/2 cm de large.

2 Découpez 4 grands carrés dans la feuille de bananier. Au centre de chaque carré, mettez la ciboulette, le maïs, le gingembre et la citronnelle. Posez par dessus les crevettes et arrosez de lait de coco. Assaisonnez de sel et de poivre. Refermez vos papillotes à l'aide d'un cure-dent.

3 Disposez les papillotes dans un plat et faites-les cuire dans le four vapeur pendant 15 min. Sortez les papillotes. Ouvrez-les devant les convives et ajoutez enfin la coriandre et le basilic.

Conseils

Pour transformer cette entrée en plat, doublez la quantité de crevettes et servez en accompagnement un riz au jasmin.
Vous pouvez également épicer cette recette en ajoutant un morceau de piment rouge dans chaque papillote.

Variante

Vous pouvez remplacer les épis de maïs frais par des mini maïs en boîte.

Vapeurs marines

Saumon à l'estragon

pour 4 personnes I préparation : **20 minutes** I cuisson : **30 minutes**
facile I un peu cher

- **1 saumon entier vidé d'environ 1,5 kg**
- **1 botte d'estragon**
- **10 cl de vin blanc sec**
- **Le jus de ½ citron jaune**
- **4 cuil. à soupe d'huile d'olive**
- **Sel, poivre**

Matériels
- **Four vapeur Siemens**
- **Papier aluminium**

1 Sur le plan de travail, étalez une grande feuille de papier aluminium. Posez au centre le saumon et faites une papillote sans la fermer.

2 Effeuillez et hachez l'estragon. Dans un bol, mélangez le vin, le jus de citron, l'huile et l'estragon. Salez, poivrez puis arrosez le poisson de cette préparation. Refermez la papillote. Disposez-la dans le four vapeur pendant 20 min. Éteignez ensuite le four mais laissez le poisson encore 10 min avant de servir, en ouvrant la papillote devant les convives.

Conseils

Une recette d'une grande simplicité mais pleine de saveurs. Accompagnez ce poisson, de pommes de terre cuites à l'eau et de beurre demi-sel.
Vous pouvez également préparer le tout à l'avance et faire la cuisson à la dernière minute.

Bar à la vapeur d'algues

pour 4 personnes I préparation : **20 minutes** I cuisson : **20 minutes**
facile I un peu cher

- **1 bar vidé d'environ 1,5 kg**
- **1 kg d'algues**
- **Sel, poivre**

Matériel
- **Cocotte**

Pour la sauce
- **50 g de beurre**
- **25 cl de crème fraîche liquide**
- **2 échalotes**
- **10 cl de vin blanc sec**

1 Nettoyez le bar. Salez et poivrez. Dans une cocotte ou une grande poêle, répartissez les algues. Versez de l'eau qui doit affleurer le niveau des algues. Disposez le poisson dessus. Mettez sur le feu. Dès que de la vapeur commence à apparaître, mettez un couvercle qui scelle la cocotte ou la poêle. Comptez 15 min de cuisson.

2 Préparez la sauce. Épluchez et hachez les échalotes. Mettez-les dans une casserole avec le vin blanc et laissez réduire presque à sec. Ajoutez ensuite la crème fraîche. Portez à ébullition et laissez à nouveau réduire d'un tiers. Salez et poivrez. Juste avant de servir, ajoutez le beurre coupé en petits morceaux et mélangez à l'aide d'un fouet.

3 Apportez la cocotte sur la table, sans retirez le couvercle, car vous le ferez devant les convives. Accompagnez le poisson de la sauce.

Conseils

Pour les algues, vous pouvez demander à votre poissonnier du varech par exemple.
Accompagnez cette recette de pâtes fraîches ou d'un riz pilaf.
Vous pouvez également aromatiser la sauce avec un peu de pastis.

Curry de lotte à la vapeur

pour 4 personnes I préparation : **20 minutes** I cuisson : **50 minutes**
facile I un peu cher

- **600 g de queue de lotte coupée en gros cubes**
- **6 tomates**
- **2 citrons verts**
- **200 g de riz**
- **Feuilles de bananiers**
- **2 gousses d'ail**
- **1 oignon nouveau**
- **2 cm de gingembre**
- **2 cuil. à soupe de curry madras**
- **6 gousses de cardamome noire**
- **1 dose de safran en filaments**
- **1 botte de coriandre**
- **3 cuil. à soupe d'huile d'olive**
- **Sel, poivre**

Matériel
- **Four vapeur Siemens**

1 Ébouillantez les tomates 30 s avant de les éplucher et de les hacher. Épluchez et hachez l'ail, l'oignon et le gingembre. Pressez les citrons verts. Effeuillez la coriandre.

2 Dans une casserole, faites chauffer l'huile, puis ajoutez le gingembre, l'oignon et l'ail. Faites revenir 3 à 4 min en remuant fréquemment. Ajoutez le curry et les gousses de cardamome. Laissez cuire 3 à 4 min, puis versez le jus de citron vert et les tomates. Baissez le feu et laissez compoter 30 min. Salez et poivrez.

3 Faites cuire le riz selon les indications du fabricant. Avant qu'il ne soit complètement cuit, découpez 4 grands carrés dans les feuilles de bananier. Au centre, disposez les cubes de lotte. Arrosez de la sauce et de coriandre. Disposez vos papillotes dans un plat et faites-les cuire dans le four vapeur pendant 15 min. Sortez les papillotes puis, ouvrez-les devant les convives. Ajoutez enfin la coriandre et le basilic.

4 Égouttez votre riz et ajoutez-y le safran qui va très vite le parfumer. Servez à chacun la lotte entourée de sauce ainsi que le riz au safran.

Conseil

Vous pouvez réaliser cette recette avec d'autres poissons comme du cabillaud, du saumon, du colin ou encore du lieu jaune.

Langoustines à la vapeur

pour 4 personnes I préparation : **20 minutes** I cuisson : **30 minutes**
facile I un peu cher

- **32 langoustines crues**
- **25 cl de crème fraîche liquide**
- **200 g de riz blanc**
- **5 cm de gingembre**
- **1 botte de ciboulette**
- **25 cl de monbazillac**
- **Sel, poivre**

Matériels

- **Four vapeur Siemens**
- **4 ramequins**

1 Décortiquez les langoustines. Conservez carapaces et têtes. Épluchez et râpez finement le gingembre. Dans une casserole, versez le monbazillac et ajoutez les carcasses de langoustines. Portez à ébullition et laissez réduire à l'état sirupeux. Filtrez ensuite avec un tamis ou une passoire fine et ajoutez la crème fraîche. Salez et poivrez. Hachez la ciboulette.

2 Disposez les langoustines dans un plat allant au four vapeur. Salez, poivrez et saupoudrez de gingembre. Mettez au four vapeur 15 min. Pendant ce temps, faites cuire le riz selon les indications du fabricant. Éteignez le four vapeur, entrouvrez la porte. Récupérez le jus de cuisson des langoustines et ajoutez-le à la sauce au monbazillac. Faites réduire la sauce à gros bouillon pendant 5 min.

3 Remplissez un ramequin de riz, retournez-le au centre d'une assiette. Disposez tout autour les langoustines, puis nappez de sauce. Terminez en saupoudrant de ciboulette.

Truite aux poireaux

pour 4 personnes I préparation : **20 minutes** I cuisson : **20 minutes**
facile I un peu cher

- **4 filets de truite d'environ 200 g chacun**
- **25 cl de crème fraîche liquide**
- **4 petits poireaux**
- **2 feuilles de laurier**
- **1 branche de thym**
- **15 cl de vin blanc sec**
- **Sel, poivre**

Matériel
- **Four vapeur Siemens**

1 Dans une casserole, versez le vin blanc. Ajoutez les feuilles de laurier et le thym. Posez votre casserole sur le feu et laissez réduire aux trois-quarts. Dans une autre casserole, versez la crème fraîche et faites-la réduire de moitié. Finissez en versant le vin dans la crème. Vérifiez l'assaisonnement.

2 Retirez le vert des poireaux. Coupez-les en deux dans le sens de la longueur puis en tronçons avant de les hacher pour obtenir de fins bâtonnets. Mettez-les dans une casserole avec de l'eau froide salée et portez-les à ébullition. Essorez-les et rafraîchissez-les sous l'eau froide.

3 Réalisez 4 papillotes en papier sulfurisé ou en papier aluminium. Au centre de chaque papillote, répartissez les poireaux. Au-dessus, disposez votre filet de poisson. Salez, poivrez puis ajoutez la sauce. Faites cuire les papillotes au four vapeur pendant 20 min. Servez les papillotes aux convives.

Conseils

Vous pouvez agrémenter ce plat d'un peu de riz blanc ou de pâtes fraîches. Vous pouvez également décorer vos papillotes avec quelques pluches de cerfeuil.

Colin en papillote

pour 4 personnes I préparation : **20 minutes** I cuisson : **50 minutes**
facile I un peu cher

- **4 pavés de colin**
- **1 kg de tomates grappes cocktail**
- **100 g de tapenade noire**
- **4 brins de basilic**
- **4 brins de thym**
- **10 cuil. à soupe d'huile d'olive**
- **Sel, poivre**

Matériels

- **Four vapeur Siemens**
- **Papier sulfurisé**

1 Sur une plaque allant au four vapeur, disposez les tomates. Salez, poivrez et arrosez de la moitié de l'huile d'olive. Enfournez à 190°C (th.6) pendant 30 min. Les tomates doivent se ratatiner et perdre au moins un tiers de leur volume.

2 Effeuillez et hachez le basilic. Découpez 4 grands carrés de papier sulfurisé. Disposez au centre les tomates rôties, la branche de thym, le pavé de colin, la tapenade, le basilic haché, du sel, du poivre et terminez avec le reste de l'huile d'olive.

3 Maintenez les papillotes fermées à l'aide d'un cure-dent. Disposez-les dans un plat et faites-les cuire dans le four vapeur pendant 20 min. Servez immédiatement les papillotes que les convives ouvriront devant eux.

Conseils

Les tomates cocktail sont des tomates un peu plus grosses que les tomates cerises.
Vous pouvez ajouter dans la papillote quelques olives vertes ou quelques amandes fraîches.

Mulet à la vapeur

pour 4 personnes I préparation : **20 minutes** I cuisson : **15 minutes**
facile I un peu cher

- **4 mulets**
- **1 citron vert**
- **1 botte d'oignons nouveaux**
- **1 botte de coriandre**
- **5 cm de gingembre**
- **2 cuil. à soupe de sauce soja**
- **8 cuil. à soupe d'huile d'olive**
- **Sel, poivre**

Matériel
- **Panier vapeur**

1 Nettoyez les mulets. Épluchez les oignons en conservant une grosse partie du vert. Épluchez le gingembre puis coupez-le en fins bâtonnets. Effeuillez la coriandre.

2 Disposez le votre panier vapeur les oignons nouveaux. Au-dessus, posez les poissons puis les bâtonnets de gingembre. Couvrez le panier vapeur et mettez-le au-dessus d'une casserole d'eau bouillante pendant 15 min.

3 Pressez le citron vert et versez-le dans un bol. Ajoutez la sauce soja, l'huile d'olive, le sel et le poivre. Terminez la sauce en ajoutant la coriandre.

4 Lorsque le poisson est cuit, laissez-le sur un grand plat en mettant par-dessus la garniture d'oignons et le gingembre accompagné de la sauce.

Conseil

Vous pouvez accompagner ce plat de riz blanc ou plus simplement d'une bonne salade verte.

Turbot au piment et au citron vert

pour 4 personnes I préparation : **15 minutes** I cuisson : **20 minutes**
facile I cher

- **1 turbot entier de plus d'1 kg**
- **2 tomates**
- **2 citrons verts**
- **2 piments rouges**
- **1 gousse d'ail**
- **1 botte de coriandre**
- **15 cl d'huile d'olive**
- **Sel, poivre**

Matériel
- **Panier vapeur**

1 Demandez à votre poissonnier de préparer et bien nettoyer le turbot. Avec un couteau économe, épluchez les citrons pour en récupérer le zeste puis pressez-les.

2 Ébouillantez les tomates pendant 1 min, épluchez-les, coupez-les en quatre et hachez la chair après avoir retiré les graines. Effeuillez, hachez la coriandre et ajoutez-la aux tomates. Épluchez et hachez l'ail. Coupez 1 piment dans le sens de la longueur. Retirez le pédoncule et les graines blanches. Coupez-le ensuite en petits dés et mélangez-le à la tomate à la coriandre. Dans un bol, versez cette garniture ainsi que le citron, l'huile d'olive, le sel, le poivre et l'ail.

3 Dans un bol, incorporez les zestes de citron et le dernier piment. Mélangez. Mettez le tout dans une casserole remplie d'eau. Portez à ébullition. Disposez le turbot dans le panier vapeur et posez-le au-dessus d'une casserole d'eau bouillante. Comptez 20 min de cuisson. Servez le poisson accompagné de la sauce pimentée.

Conseils

Pour une recette moins onéreuse, vous pouvez préparer simplement des filets de turbot.
Vous pouvez accompagner ce plat de riz blanc ou plus simplement d'une bonne salade verte.

Raies aux câpres

pour 4 personnes I préparation : **15 minutes** I cuisson : **15 minutes**
facile I un peu cher

- **4 ailes de raies pelées et nettoyées**
- **100 g de beurre**
- **1 citron jaune**
- **2 cuil. à soupe de câpres**
- **½ botte de cerfeuil**
- **Sel, poivre**

Matériel
- **Panier vapeur**

1 Effeuillez et hachez grossièrement le cerfeuil. Pressez le citron.

2 Nettoyez puis épongez le poisson. Disposez-le dans le panier vapeur. Posez une grande casserole d'eau sur le feu. Lorsque de la vapeur s'en dégage, posez le panier vapeur au-dessus et comptez ensuite 10 min de cuisson.

3 Dans une petite casserole, faites fondre le beurre puis laissez-le cuire quelques minutes afin qu'il passe d'une couleur blonde à une couleur noisette. Versez alors le jus de citron en faisant attention aux éclaboussures, puis ajoutez les câpres, du sel et du poivre.

4 Disposez vos ailes de raies dans des assiettes, nappez de sauce et saupoudrez de cerfeuil juste avant de servir.

Conseil

Vous pouvez servir ce plat avec des pommes vapeur.

Variante

Pour une touche originale, vous pouvez remplacer le cerfeuil par de la coriandre.

Viandes à la vapeur

Agneau à la vapeur

pour 4 personnes I préparation : **20 minutes** I cuisson : **1 heure 30 minutes**
facile I un peu cher

- **1 épaule d'agneau désossé**
- **4 carottes**
- **4 courgettes**
- **800 g de pommes de terre**
- **2 branches de thym**
- **4 feuilles de laurier**
- **4 cuil. à soupe d'huile d'olive**
- **Sel, poivre**

Matériel
- **Couscoussier**

1 Badigeonnez l'épaule d'huile d'olive. Salez et poivrez. Épluchez les carottes et les pommes de terre. Éboutez les courgettes. Coupez-les en tronçons.

2 Dans un couscoussier, mettez 1 litre d'eau, le thym et le laurier. Portez à ébullition. Dans la partie supérieure, disposez l'agneau. Entourez-le des légumes puis fermez votre couscoussier. Lorsque de la vapeur commence à se dégager, comptez 1 h 15 de cuisson.

3 Coupez le feu et laissez la viande dans le couscoussier pendant 15 min. Présentez la viande accompagnée des légumes et servez chaud.

Conseils

Vous pouvez utiliser l'eau de cuisson en guise de jus, en la faisant réduire. Vous pouvez également réaliser une mayonnaise que vous épicerez avec de la harissa.

Veau en papillote

pour 4 personnes | préparation : **20 minutes** | cuisson : **1 heure 35 minutes**
facile | un peu cher

- **1 rôti de veau dans le quasi d'environ 1,2 kg**
- **25 cl de crème fraîche liquide**
- **50 g de beurre**
- **8 échalotes**
- **1 kg de champignons de Paris**
- **Sel, poivre**

Matériel
- **Four vapeur Siemens**

1 Faites fondre le beurre. Épluchez les échalotes, rincez et coupez les champignons en quatre. Positionnez sur le plan de travail une grande feuille de papier aluminium. Disposez au centre les échalotes, les champignons, le rôti et formez une papillote sans la fermer. Arrosez du beurre fondu, salez et poivrez.

2 Fermez la papillote, puis enfournez avec la fonction vapeur 1 h 30. Sortez le plat du four vapeur. Récupérez le jus de cuisson puis remettez le rôti emballé au four vapeur pendant 10 min.

3 Dans une casserole, mélangez la crème fraîche et le jus de cuisson. Portez le tout à ébullition et faites réduire d'un tiers. Salez et poivrez. Servez accompagné du rôti cuit en papillote.

Conseils

Servez ce rôti de veau accompagné de pommes de terre vapeur ou de pâtes fraîches.
Vous pouvez également ajouter dans la sauce un peu d'estragon ou de cerfeuil.

Lapin à la vapeur

pour 4 personnes I préparation : **20 minutes** I cuisson : **1 heure**
facile I un peu cher

- **4 râbles de lapin**
- **1 botte de carottes nouvelles**
- **1 cui. à café de garam masala**
- **1 botte d'oignon nouveau**
- **2 branches de thym**
- **4 feuilles de laurier**
- **4 cuil. à soupe d'huile d'olive**
- **Sel, poivre**

Matériel
- **Panier vapeur**

1 Épluchez les carottes en gardant un petit morceau des fanes. Épluchez les oignons en conservant également un petit morceau du vert. Disposez les légumes dans le panier vapeur et mettez les râbles de lapin au-dessus. Salez et poivrez.

2 Versez une grande quantité d'eau dans une casserole. Ajoutez le thym, le laurier et le garam masala. Portez le tout à ébullition. Posez le panier vapeur par dessus. Quand de la vapeur commence à s'en dégager, comptez 1 h de cuisson.

3 Disposez la viande et les légumes dans un plat. Arrosez d'un peu d'huile d'olive, de poivre et de sel. Servez aussitôt.

Conseil

Pour accompagner cette viande, vous pouvez réaliser une mousseline à l'estragon. Pour cela, faites une mayonnaise dans laquelle vous intégrerez à la fin un blanc d'œuf monté en neige, un demi-citron pressé, et quelques branches d'estragon hachées.

Canard à la vapeur

pour 4 personnes I préparation : **20 minutes** I cuisson : **1 heure**
facile I un peu cher

- **4 petits magrets de canard**
- **6 carottes**
- **4 petits navets**
- **6 petites pommes de terre**
- **2 poireaux**
- **1 botte d'oignon nouveau**
- **2 branches de thym**
- **4 feuilles de laurier**
- **Quelques feuilles de menthe**
- **1 cuil. à soupe d'anis étoilé**
- **1 cuil. à soupe de cardamome en graines**
- **1 bâton de cannelle**
- **Sel, poivre**

Matériel
- **Panier vapeur**

1 Éplucher les carottes, les oignons, les navets et les pommes de terre. Retirez le vert des poireaux et nettoyez le blanc. Retirez le gras des magrets.

2 Dans une grande casserole, versez de l'eau. Ajoutez ensuite le thym, le laurier, les feuilles de menthe, l'anis étoilé, la cardamome et la cannelle. Portez à ébullition et posez le panier vapeur au-dessus de la casserole. Disposez-y les légumes puis la viande.

3 Quand de la vapeur commence à s'en dégager, comptez 1 h de cuisson. Disposez la viande et les légumes dans un plat. Assaisonnez de sel et de poivre et servez aussitôt.

Conseil

Servez ce canard à la vapeur avec un assortiment de moutardes.
Vous pouvez réaliser une mayonnaise à la moutarde à l'ancienne et l'alléger en ajoutant de la crème fraîche fouettée et une ½ botte de ciboulette hachée.

Poulet de la garrigue

pour 4 personnes I préparation : **20 minutes** I cuisson : **1 heure**
facile I un peu cher

- **1 poulet fermier d'environ 1,5 kg**
- **1 citron jaune**
- **4 gousses d'ail**
- **2 branches de romarin**
- **2 branches de thym**
- **2 feuilles de laurier**
- **2 tablettes de bouillon de volaille bio**
- **Sel, poivre**

Matériel
- **Panier vapeur**

1 Épluchez et hachez l'ail. Pressez le citron et récupérez les demi-citrons pour les mettre à l'intérieur du poulet. Mélangez le jus de citron avec l'ail. Frottez le poulet avec cette préparation.

2 Dans une grande casserole d'eau, mettez les branches de romarin, de thym, de laurier et le bouillon de volaille. Portez le tout à ébullition. Disposez le panier vapeur au-dessus de la casserole avec le poulet entier. Couvrez et quand de la vapeur s'en dégage, comptez 1 h de cuisson.

3 Sortez le poulet du panier vapeur, découpez-le et servez aussitôt. Vous pouvez utiliser l'eau de cuisson en guise de sauce.

Conseils

Servez ce poulet avec une bonne ratatouille maison, chaude ou froide. Vous pouvez aromatiser le bouillon avec de la sauge, du serpolet, du thym citron, et pourquoi pas un peu de menthe sauvage.

Poulet au citron

pour 4 personnes I préparation : **20 minutes** I cuisson : **20 minutes**
repos : **30 minutes** I facile I un peu cher

- **4 filets de poulet**
- **2 citrons verts**
- **1 gousse d'ail**
- **1 morceau de gingembre frais de 3 cm**
- **2 cuil. à soupe de sauce soja**
- **1 pincée de piment en poudre**
- **1 botte de coriandre**
- **1 cuil. à soupe de miel**
- **6 cuil. à soupe d'huile d'olive**
- **Sel, poivre**

Matériels
- **Four vapeur Siemens**
- **Papier sulfurisé**

1 Épluchez et hachez l'ail et le gingembre. Effeuillez et hachez ensuite la coriandre. Pressez les citrons verts. Dans un bol, mélangez le jus de citron, la sauce soja, l'ail, le gingembre, le piment, le miel, un peu de sel et de poivre.

2 Découpez 4 grandes papillotes dans du papier sulfurisé. Au centre de chaque papillote, disposez un filet de poulet et arrosez-le de sauce. Ajoutez l'huile et terminez par la coriandre. Maintenez la papillote fermée à l'aide d'un cure-dent et laissez reposer 30 min.

3 Dans le four vapeur, disposez les papillotes et comptez 20 min de cuisson. Sortez le poulet du four vapeur et ouvrez les papillotes devant les convives.

Conseil

Servez ce poulet avec un peu de riz blanc et des pois gourmands revenus à la poêle avec un peu d'huile d'olive.

Gigot à l'anglaise

pour 6 personnes I préparation : **20 minutes** I cuisson : **1 heure**
repos : **20 minutes** I facile I un peu cher

- **1 gigot d'agneau entier**
- **2 carottes**
- **2 oignons**
- **4 clous de girofle**
- **2 feuilles de laurier**
- **1 branche de thym**
- **Sel, poivre**

Matériel
- **Panier vapeur**

1 Épluchez les carottes et coupez-les en deux. Épluchez les oignons et piquez-les avec les clous de girofle.

2 Dans une grande casserole, portez à ébullition un grand volume d'eau. Plongez-y les carottes, les oignons, les feuilles de laurier et la branche de thym. Posez le panier vapeur au-dessus de la casserole avec le gigot. Lorsque de la vapeur s'en dégage, comptez 1 h de cuisson.

3 Coupez le feu et laissez reposer le gigot pendant 20 min avant de le découper. Servez aussitôt.

Conseils

Accompagnez cette viande de crudités et de diverses moutardes.
Vous pouvez également laisser refroidir le gigot et le découper ensuite pour le manger froid.
Vous pouvez enrichir l'eau de cuisson de deux gousses d'ail ainsi que d'une tablette de bouillon de volaille bio.

Porc en papillote aux épices

pour 4 personnes I préparation : **20 minutes** I cuisson : **20 minutes**
repos : **1 heure 10 minutes** I facile I un peu cher

- **1 filet mignon de porc d'environ 500 g**
- **2 tranches de lard paysan fumé**
- **400 g de pousses d'épinards**
- **4 gousses d'ail**
- **2 cuil. à café de graines de fenouil**
- **2 cuil. à café de graines d'anis vert**
- **12 cuil. à soupe d'huile d'olive**
- **2 cuil. à soupe de vinaigre balsamique**
- **2 pincées de fleur de sel**
- **10 grains de poivre noir**
- **Sel, poivre**

Matériels
- **Moulin à café ou à épices**
- **Four vapeur Siemens**

1 Épluchez l'ail. Dans un moulin à café ou à épices, mettez les épices, l'anis vert, la fleur de sel, 6 cuillerées à soupe d'huile d'olive et l'ail. Actionnez et laissez tourner afin d'obtenir une pâte assez lisse. Entaillez le filet mignon de porc sur la longueur et répartissez dessus la pâte d'épices. Laissez reposer 1 h à température ambiante. Disposez la viande dans une papillote de papier sulfurisé.

2 Nettoyez les pousses d'épinards et égouttez-les. Retirez la couenne du lard et coupez-le en lardons. Faites-les cuire quelques minutes dans une poêle chaude. Égouttez-les pour qu'ils perdent un maximum de gras et mélangez-les aux pousses d'épinards. Au dernier moment, assaisonnez avec le vinaigre balsamique, le reste d'huile, du sel et du poivre.

3 Enfournez la viande dans le four vapeur pendant 20 min. Laissez ensuite la viande reposer dans le four pendant 10 min. Découpez votre filet mignon en médaillons. Servez-le avec la salade de pousses d'épinards.

Conseils

Vous pouvez ajouter un peu de basilic haché dans la pâte d'épices.
Vous pouvez ajouter des pignons de pins grillés à votre salade.

Porc aux pruneaux et aux amandes

pour 4 personnes I préparation : **20 minutes** I cuisson : **20 minutes**
repos : **10 minutes** I facile I un peu cher

- **1 filet mignon de porc de 600 g**
- **3 cm de gingembre frais**
- **1 gousse d'ail**
- **2 petits oignons nouveaux**
- **1 douzaine de pruneaux d'Agen**
- **1 poignée d'amandes entières**
- **1 cuil. à café de ras el hanout**
- **3 cuil. à soupe d'huile d'olive**
- **10 cl de vin blanc**
- **Sel, poivre**

Matériels
- **Four vapeur Siemens**
- **Mixeur**
- **Papier sulfurisé**

1 Épluchez l'ail, l'oignon et le gingembre. Dans le bol d'un petit mixeur, rassemblez ces 3 ingrédients et ajoutez-y le ras el hanout, l'huile d'olive, du sel et du poivre. Mixez le tout jusqu'à obtenir une pâte homogène et fine.

2 Disposez le filet mignon de porc dans une grande papillote de papier sulfurisé. Badigeonnez-le de la pâte d'épices obtenue. Saupoudrez d'amandes, de pruneaux et de vin. Refermez votre papillote et enfournez-la dans le four vapeur pendant 20 min.

3 Laissez ensuite la viande reposer pendant 10 min au four avant de la servir, afin que la chair se détende et que le jus se répartisse.

Variante

Vous pouvez remplacer le porc par de l'agneau.

Conseil

Vous pouvez accompagner ce plat de semoule ou de pâtes fraîches.

Filet de bœuf à la vapeur

pour 4 personnes I préparation : **20 minutes** I cuisson : **25 minutes**
repos : **10 minutes** I facile I cher

- 1 filet de bœuf de 800 g
- 25 g de beurre
- 10 cl de crème fraîche liquide
- 2 cuil. à soupe de moutarde à l'ancienne
- 1 botte d'oignons nouveaux
- 2 échalotes
- 6 carottes
- 6 petites pommes de terre
- 4 petits navets
- 2 poireaux
- 15 cl de vin blanc
- Sel, poivre

Matériel
- Four vapeur Siemens

1 Commencez par éplucher les carottes, les oignons, les navets et les pommes de terre. Retirez le vert des poireaux et nettoyez bien le blanc.

2 Dans un plat allant dans un four vapeur, disposez les légumes et enfournez le plat pendant 10 min. Posez alors la viande et laissez cuire 15 min. Pendant ce temps, épluchez et hachez les échalotes. Faites-les revenir dans une casserole avec le beurre. Lorsqu'elles deviennent translucides, versez le vin blanc et faites réduire presque à sec. Ajoutez enfin la crème fraîche et la moutarde.

3 Sortez le plat du four, couvrez-le d'aluminium et laissez reposer 10 min. Accompagnez ensuite la viande et les légumes de la sauce à la moutarde.

Conseil

Voilà une version luxueuse du pot au feu que vous pouvez également accompagner, comme on le fait en Alsace, de crudités et de raifort râpé.

Curry de poulet thaï à la vapeur

pour 4 personnes I préparation : **30 minutes** I cuisson : **20 minutes**
facile I bon marché

- 4 filets de poulet
- 25 cl de lait de coco
- 20 mini-épis de maïs
- 1 botte de basilic thaïlandais
- 4 cuil. à soupe de nuoc-mâm

Pour la pâte de curry
- 2 échalotes
- 2 gousses d'ail
- 6 feuilles de combava
- Le zeste de 1 combava
- 3 cm de galanga
- 1 cœur de branche de citronnelle
- 6 brins de coriandre (tiges et feuilles)
- 1 cuil. à soupe de piment oiseau
- 1 cuil. à café de graines de cumin
- 1 cuil. à café de pâte de crevettes
- Sel, poivre

Matériels
- Mixeur ou mortier
- Four vapeur Siemens
- Papier sulfurisé

1 Préparez la pâte de curry. Épluchez le galanga, l'ail et les échalotes. Faites revenir le cumin à la poêle pendant 2 min. Dans le bol d'un mixeur (ou dans un mortier), mettez tous les ingrédients et faites tourner jusqu'à obtention d'une pâte parfaitement homogène. Si elle ne se fait pas bien, ajoutez un peu d'eau. Effeuillez le basilic.

2 Découpez 4 grands carrés de papier sulfurisé. Au centre, disposez les mini-épis de maïs. Par dessus, posez les blancs de poulet puis étalez 1 cuillerée à soupe de pâte de curry. Ajoutez le nuoc-mâm et le lait de coco. Maintenez ensuite la papillote fermée à l'aide d'un cure-dent.

3 Enfournez dans le four vapeur pendant 20 min. Juste avant de servir, ajoutez les feuilles de basilic.

Variante

Vous pouvez remplacer le galanga par du gingembre classique.

Conseils

Le combava est le citron vert thaïlandais. Le galanga est l'équivalent du gingembre dans la cuisine thaïlandaise.
Servez ce plat avec du riz blanc.

Rôti d'agneau à la coriandre et aux abricots secs

pour 4 personnes I préparation : **20 minutes** I cuisson : **45 minutes**
repos : **15 minutes** I facile I un peu cher

- **1 gigot d'agneau désossé de 1,2 kg**
- **1 quinzaine d'abricots secs**
- **2 gousses d'ail**
- **1 morceau de gingembre frais de 2 cm**
- **1 botte de coriandre**
- **1 cuil. à café de ras el hanout**
- **3 cuil. à soupe d'huile d'olive**
- **Sel, poivre**

Matériels
- **Mixeur**
- **Four vapeur Siemens**

1 Épluchez l'ail, l'oignon et le gingembre. Dans le bol d'un petit mixeur, rassemblez ces ingrédients et ajoutez-y le ras el hanout, l'huile d'olive, du sel et du poivre. Mixez jusqu'à obtenir une pâte homogène et fine. Effeuillez et hachez la coriandre. Coupez les abricots secs en quatre. Mélangez ces ingrédients à la pâte d'épices obtenue.

2 Disposez le gigot ouvert devant vous. Étalez au centre la pâte d'épices aux abricots. Enroulez le gigot et ficelez-le. Mettez-le dans un plat, salez et poivrez.

3 Enfournez le gigot dans le four vapeur pendant 45 min. Sortez le plat du four et couvrez-le de papier aluminium. Laissez-le reposer pendant 15 min.

Conseils

Servez ce plat avec un taboulé libanais. Pour ce faire, épluchez et hachez 4 tomates que vous mélangerez avec 2 cuillerées à soupe de boulgour fin, 2 bottes de persil hachée, 2 bottes de menthe hachée, 1 citron pressé et de l'huile d'olive.
Vous pouvez également ajouter un concombre épluché et coupé en petits dés.

Délices à la vapeur

Pêches blanches à la vapeur de verveine

pour 4 personnes I préparation : **15 minutes** I cuisson : **25 minutes**
repos : **30 minutes** I facile I bon marché

- **4 pêches blanches**
- **1 poignée de feuilles de verveine**
- **50 g de sucre**

Matériel
- **Panier vapeur**

1 Portez une casserole d'eau à ébullition. Plongez-y les pêches 1 min puis retirez-les de l'eau et passez-les sous l'eau froide. Épluchez-les.

2 Dans une autre casserole, versez 1 litre d'eau avec la verveine. Portez à ébullition. Retirez la verveine au bout de 5 min. Disposez les pêches dans un panier vapeur. Posez-le au-dessus de la casserole et laissez cuire 25 min.

3 Coupez le feu et ajoutez le sucre dans l'eau de cuisson. Disposez les pêches sur des assiettes ou des bols et entourez-les du jus de cuisson. Laissez refroidir 30 min.

Conseil

Pour les plus gourmands, ajoutez une boule de glace vanille sur les pêches tièdes.

Fruits en papillote au chocolat

pour 4 personnes I préparation : **15 minutes** I cuisson : **10 minutes**
repos : **5 minutes** I facile I bon marché

- **2 pêches jaunes**
- **1 grappe de raisin noir**
- **4 figues**
- **1 poignée de cerises**
- **80 g de chocolat noir**
- **50 g de cassonade**
- **2 pincées de vanille**

Matériels
- **Panier vapeur**
- **Papier sulfurisé**

1 Portez une casserole d'eau à ébullition. Plongez-y les pêches 1 min. Retirez-les et passez-les sous l'eau froide. Épluchez les pêches. Équeutez les cerises. Lavez et égouttez les raisins, puis coupez les figues en quatre. Dans un bol, mélangez la cassonade avec la vanille.

2 Sur 4 grands carrés de papier sulfurisé, répartissez les fruits. Saupoudrez du sucre vanillé puis du chocolat concassé. Fermez les papillotes en les maintenant à l'aide d'un cure-dent.

3 Disposez les papillotes de fruits dans un panier vapeur et posez-le au-dessus d'une casserole d'eau bouillante. Laissez cuire 10 min. Ouvrez le panier vapeur, coupez le feu et laissez reposer 5 min avant de servir.

Conseil

Vous pouvez décorer vos papillotes avec quelques amandes effilées ou quelques framboises fraîches.

Ananas aux épices

pour 4 personnes I préparation : **15 minutes** I cuisson : **20 minutes**
repos : **30 minutes** I facile I bon marché

- **1 ananas**
- **Le jus de 2 citrons verts**
- **4 étoiles de badiane (anis étoilé)**
- **4 morceaux de cannelle**
- **2 gousses de vanille**
- **12 cl + 2 cuil. à soupe de rhum blanc martiniquais**

Matériels
- **Four vapeur Siemens**
- **Papier sulfurisé**

1 Coupez les gousses de vanille dans le sens de la longueur, et retirez les graines à l'aide d'une petite cuillère. Mélangez-les au rhum et au jus des citrons verts.

2 Épluchez l'ananas et coupez-le en quatre quartiers. Retirez le cœur et coupez chaque quartier en tronçons. Répartissez-les sur 4 grands carrés de papier sulfurisé. Posez sur chacun 1 morceau de cannelle et 1 étoile de badiane. Versez 2 cuillerées à soupe de rhum par papillote et refermez. Laissez reposer 20 min.

3 Enfournez dans le four à vapeur pendant 20 min. Laissez ensuite refroidir une dizaine de minutes en dehors du four avant de servir.

Conseil

Vous pouvez également utiliser des clous de girofle, de la cardamome, du romarin et du thym. Ces épices ou aromates doivent, bien sûr, être utilisés en petites quantités pour n'apporter au plat qu'un léger parfum...

Pêches au thé

pour 4 personnes I préparation : **15 minutes** I cuisson : **25 minutes**
repos : **30 minutes** I facile I bon marché

- **4 pêches blanches**
- **2 sachets de thé Earl Grey**
- **50 g de sucre**

Matériel
- **Four vapeur Siemens**

1 Épluchez les pêches. Dans une casserole, versez 1 litre d'eau avec le thé. Portez à ébullition puis retirez le thé au bout de 5 min. Mettez les pêches dans un panier vapeur et posez le tout au-dessus d'une casserole. Laissez cuire 25 min.

2 Coupez le feu et ajoutez le sucre dans l'eau de cuisson. Disposez les pêches sur des assiettes ou des bols et entourez-les du jus de cuisson. Laissez refroidir 30 min.

Variante

Vous pouvez remplacer le thé Earl Grey par du thé au jasmin.

Conseil

Servez ces pêches avec une bonne sauce au chocolat. Pour ce faire, portez à ébullition 10 cl de lait avec 10 cl de crème fraîche liquide. Ajoutez 100 g de chocolat noir, 1 cuillerée à café de cassonade et servez aussitôt.

Petit flan aux épices

pour 4 personnes I préparation : **15 minutes** I cuisson : **20 minutes**
réfrigération : **2 heures** I facile I bon marché

- **3 œufs**
- **1/2 litre de lait entier**
- **1 pincée de vanille**
- **1 pincée de gingembre en poudre**
- **1 pincée de girofle en poudre**
- **2 pincées de cardamome en poudre**
- **200 g de sucre**

Matériels
- **Four vapeur Siemens**
- **4 grands ramequins**

1 Dans une casserole, faites fondre la moitié du sucre. Quand le caramel commence à dorer, coupez le feu et versez-le dans 4 ramequins.

2 Dans un saladier, mélangez le sucre restant aux épices. Cassez-y les œufs. Avec un fouet, mélangez vigoureusement. Terminez en ajoutant le lait. Versez cette préparation dans les ramequins. Couvrez d'un film alimentaire.

3 Mettez les ramequins dans le four vapeur et laissez cuire pendant 20 min. Pour vérifier la cuisson, plantez la pointe d'un couteau au centre de votre flan, elle doit ressortir propre. Laissez ensuite reposer les ramequins pendant 2 h au réfrigérateur avant de servir.

Conseils

Vous trouverez dans les épiceries indiennes des mélanges d'épices « tchaï » tout à fait adaptées à ce dessert.
Pour une touche originale, servez-le avec du coulis de fruits rouges.

Salade d'agrumes

pour 4 personnes I préparation : **15 minutes** I cuisson : **10 minutes**
repos : **10 minutes** I facile I bon marché

- **4 oranges à jus**
- **4 pomelos roses**
- **4 cuil. à café de miel**
- **1 branche de romarin**
- **4 pincées de lavande bleue**

Matériels
- **Panier vapeur**
- **Papier sulfurisé**

1 À l'aide d'un petit couteau, coupez la peau des agrumes ainsi que la membrane blanche. Vous ne devez conserver que la chair. Toujours à l'aide d'un couteau, retirez les quartiers, mais gardez le cœur. Répartissez les fruits sur 4 carrés de papier sulfurisé.

2 Pressez les cœurs pour en retirer le jus. Délayez le miel dans le jus et versez le tout sur les fruits. Ajoutez les branches de romarin coupées en quatre et la lavande.

3 Maintenez les papillotes fermées à l'aide d'un cure-dent. Mettez-les ensuite dans un panier vapeur. Posez-le au-dessus d'une casserole d'eau bouillante. Laissez cuire 10 min. Laissez tiédir les papillotes pendant 10 min avant de servir.

Variante

Vous pouvez remplacer le romarin par du thym ou par des épices comme du bâton de cannelle, des gousses de cardamome, de l'anis étoilé ou du cumin.

Conseil

Vous pouvez ajouter à cette recette une goutte de vodka ou de rhum.

Riz au lait

pour 4 personnes | préparation : **15 minutes** | cuisson : **35 minutes**
repos : **24 heures** | facile | bon marché

- **50 cl de lait frais entier**
- **125 g de riz rond**
- **40 g de sucre**
- **1 sachet de sucre vanillé**
- **1 pincée de sel**

Matériels
- **Panier vapeur**
- **Tamis**

1 Mettez le riz dans un tamis et passez-le sous l'eau froide pendant 5 min. Dans un grand bol ou un saladier, mélangez les sucres avec le riz.

2 Faites chauffer le lait dans une casserole. Versez-le ensuite sur le riz sucré. Couvrez le saladier de papier film et mettez-le dans le panier vapeur. Faites-le ensuite cuire pendant 35 min au-dessus d'une casserole d'eau bouillante.

3 Sortez le bol du panier vapeur et laissez le riz gonfler 1 h à température ambiante. Gardez ensuite au frais 24 h.

Conseil

Pour une touche originale, remplacez le lait par du lait de coco et ajoutez des dés de gingembre confit.

Poires au chocolat et aux épices

pour 4 personnes I préparation : **15 minutes** I cuisson : **20 minutes**
réfrigération : **1 heure** I facile I bon marché

- **4 poires Doyenné du Comice**
- **6 étoiles d'anis**
- **4 gousses de cardamome**
- **1 bâton de cannelle**
- **1 bâton de vanille**

Pour la sauce
- **120 g de chocolat à 64 % minimum**
- **20 g de cacao amer en poudre**
- **40 cl d'eau minérale**
- **100 g de sucre de canne blanc**

Matériel
- **Panier vapeur**

1 Préparez la sauce. Dans une casserole, portez à ébullition l'eau avec le sucre et le cacao. Ajoutez le chocolat et fouettez vigoureusement afin d'homogénéiser la sauce. Laissez bouillir 1 min puis versez dans un bol. Laissez refroidir 1h au réfrigérateur.

2 Épluchez les poires. À l'aide d'un couteau économe, retirez la base du fruit et grattez un peu l'intérieur afin d'en retirer le cœur. Dans une casserole d'eau bouillante, mettez l'anis, la cannelle, la cardamome, et le bâton de vanille coupé en deux. Disposez le panier vapeur avec les poires au-dessus de la casserole. Laissez cuire pendant 15 min.

3 La pointe d'un couteau enfoncé dans la poire doit pouvoir s'y enfoncer sans résistance. Servez alors les fruits avec le chocolat.

Conseil

Pour les gourmands, ajoutez des amandes effilées grillées et une boule de glace vanille.

Crème aux amandes et aux fruits rouges

pour 4 personnes I préparation : **15 minutes** I cuisson : **20 minutes**
réfrigération : **3 heures** I facile I bon marché

- **4 œufs extra frais**
- **40 cl de lait frais entier**
- **125 g de fraises Mara des bois**
- **125 g de framboises**
- **1 cuil. à café de Maïzena**
- **1 gousse de vanille**
- **50 g de sucre**

Matériels

- **Panier vapeur**
- **4 grands ramequins**

1 Nettoyez et équeutez les fraises. Répartissez-les avec les framboises dans 4 grands ramequins.

2 Dans un saladier, cassez les œufs et fouettez-les vigoureusement avec la Maïzena et le sucre. Coupez la gousse de vanille en deux dans le sens de la longueur puis, à l'aide d'un couteau grattez l'intérieur pour en retirer les graines. Ajoutez-les aux œufs puis terminez en versant le lait.

3 Répartissez le flan obtenu sur les fruits. Couvrez d'un film alimentaire et disposez vos ramequins dans le panier vapeur. Faites-les cuire 20 min. Laissez-les reposer au moins 3 h au réfrigérateur.

Conseils

Tous les fruits rouges peuvent être utilisés pour cette recette : groseilles, cassis, mûres ou cerises.
Vous pouvez également ajouter dans cette recette 1 cuillerée à soupe de poudre d'amandes.

Crème au chocolat

pour 4 personnes I préparation : **15 minutes** I cuisson : **20 minutes**
réfrigération : **3 heures** I facile I bon marché

- **4 œufs entiers**
- **50 cl de lait frais entier**
- **75 g de chocolat à 60 %**
- **1 gousse de vanille**
- **75 g de cassonade**

Matériels
- **Panier vapeur**
- **4 grands ramequins**

1 À l'aide d'un couteau, coupez la vanille dans le sens de la longueur, retirez les graines à l'aide de la pointe et mettez-les dans un saladier. Ajoutez la cassonade et les œufs puis fouettez l'ensemble vigoureusement. Portez à ébullition le lait puis versez-le en un mince filet sur les œufs sans cesser de fouetter. Ajoutez ensuite le chocolat en petits morceaux tout en remuant afin d'homogénéiser la crème.

2 Versez le lait au chocolat dans 4 grands ramequins. Couvrez d'un film alimentaire et disposez vos ramequins dans le panier vapeur. Laissez cuire pendant 20 min. Pour vérifier la cuisson, planter un couteau dans la crème, la lame doit ressortir humide mais sans trace.

3 Laissez refroidir la crème au chocolat pendant 3 h au réfrigérateur avant de servir.

Conseils

Si vous aimez le mélange des framboises et du chocolat, n'hésitez pas à en ajouter quelques unes dans votre crème.
Vous pouvez également ajouter des petits dés de gingembre confit.

L'éditeur remercie Siemens pour le prêt
du four combi-vapeur 45 cm : HB36D572.
(Il existe aussi les fours vapeur : HB26D552 et HB24D552).
Découvrez toute la gamme de cuisson Siemens sur le site internet :
www.siemens-electromenager.com

L'éditeur remercie Aurélie Lorot pour son aide précieuse
et ses relectures attentives.

Pour l'éditeur, le principe est d'utiliser des papiers composés de fibres
naturelles, renouvelables, recyclables et fabriquées à partir de bois
issus de forêts qui adoptent un système d'aménagement durable.
En outre, l'éditeur attend de ses fournisseurs de papier qu'ils s'inscrivent
dans une démarche de certification environnementale reconnue.

Direction : Jean-François Moruzzi
Direction éditoriale : Pierre-Jean Furet
Édition : Chloé Herla
Conception intérieure et couverture : Nicole Dassonville
assistée de Salah Kherbouche
Réalisation intérieure : Ariane Galateau
Corrections : Chloé Chovin
Fabrication : Amélie Latsch

Responsable partenariats : Sophie Augereau, au 01 43 92 36 82

Dépôt légal : septembre 2009
23-27-7940-01-2
ISBN : 978-2-0123-7940-4
Imprimé par Leopaper Chine

JUS ET SMOOTHIES

SUSHI

MIGNARDISES

MACARONS

CHOCOLAT

MISE EN BOUCHE

DÎNER AU VERRE

DÎNER À LA CUILLÈRE